BEI GRIN MACHT SICH IHR WISSEN BEZAHLT

- Wir veröffentlichen Ihre Hausarbeit, Bachelor- und Masterarbeit

- Ihr eigenes eBook und Buch - weltweit in allen wichtigen Shops

- Verdienen Sie an jedem Verkauf

Jetzt bei www.GRIN.com hochladen und kostenlos publizieren

Alexander Walter

Entwicklung einer neuen EKG-Elektrode für Neonate zur Ergänzung des bestehenden EKG-Elektrodensortiments

Projektarbeit

GRIN Verlag

Bibliografische Information der Deutschen Nationalbibliothek:

Die Deutsche Bibliothek verzeichnet diese Publikation in der Deutschen National-
bibliografie; detaillierte bibliografische Daten sind im Internet über http://dnb.d-
nb.de/ abrufbar.

Impressum:

Copyright © 2010 GRIN Verlag GmbH
Druck und Bindung: Books on Demand GmbH, Norderstedt Germany
ISBN: 978-3-640-97329-3

Hamburger Fern-Hochschule

Studiengang Wirtschaftsingenieurwesen (Bachelor)

München

Modul Projektmanagement

WB-PMT-P11-101218

Hausarbeit zum Thema

Entwicklung einer neuen EKG-Elektrode für

Neonate zur Ergänzung des bestehenden

EKG-Elektrodensortiments

Herbstsemester 2010

von

Alexander Walter

18.12.2010

Inhaltsverzeichnis

Inhaltsverzeichnis 2

Abkürzungsverzeichnis 3

Abbildungsverzeichnis 5

Tabellenverzeichnis 6

Verzeichnis der EG-Richtlinien, Gesetze und Rechtsverordnungen 7

1   Allgemeine Beschreibung und Klassifizierung des Projektes 8

1.1   Allgemeine Beschreibung 8

1.2   Klassifizierung 9

2   Projektstrukturplan (PSP) 10

3   Beschreibung der zentralen Aufgaben und des Ressourcenbedarfs 12

4   Projektorganisationsform und Anforderungen an den Projektleiter 14

4.1   Wahl einer geeigneten Projektorganisationsform 14

4.2   Erstellung des Anforderungsprofils für den Projektleiter 15

5   Erstellung eines Projektablaufplanes 16

6   Vertiefung der Planung für eine Projektphase... 17

7   Projektteam und Personalplan... 18

7.1   Zusammenstellung des Projektteams 18

7.2   Erarbeitung eines Personalplans.. 19

8   Kostenermittlung 21

9   Ereignisorientierter Netzplan mit kritischem Pfad 25

10   Meilensteintrenddiagramm der wichtigsten Meilensteine 29

11   Maßnahmen bei einer Verzögerung... 29

Literaturverzeichnis 31

Abkürzungsverzeichnis

Abb.	Abbildung
aktual.	aktualisiert(e)
Allg.	Allgemein(e)
Apr.	April
Aufl.	Auflage
Aug.	August
ben.	benötigten
BGBl.	Bundesgesetzblatt
bzw.	beziehungsweise
ca.	circa
CAM	Clinical Affairs Manager
CE	Conformité Européenne
Dez.	Dezember
ECG	Electrocardiogram
EG	Europäische Gemeinschaft
EKG	Elektrokardiogramm
Erst.	Erstellung
et al.	et alii/aliae/alia (lat. "und andere")
etc.	et cetera (lat. "und die übrigen")
Europ.	Europäisch(e)
evtl.	eventuell
EWG	Europäische Wirtschaftsgemeinschaft
F&E	Forschung & Entwicklung
Feb.	Februar
ff.	folgende
ggf.	gegebenenfalls
h	hora/horen (lat. „Stunde/Stunden")
Hrsg.	Herausgeber
i. d. F. v.	in der Fassung vom
inkl.	inklusive
Jan.	Januar
jew.	jeweils/jeweilig(en)
Jul.	Juli
Jun.	Juni
lat.	lateinisch

max.	maximal
MM	Marketing Manager
MPG	Gesetz über Medizinprodukte (Medizinproduktegesetz)
Mrz.	März
MS	Meilenstein(e)
notar.	notariell
Nov.	November
Okt.	Oktober
PL	Projektleiter
PM	Production Manager
PSP	Projektstrukturplan
QAS	Quality Assurance Specialist
R&D	Research & Development
RA	Regulatory Affairs
RAC	Regulatory Affairs Coordinator
Rev.	Revision
S.	Seite
s.	siehe
Sep.	September
Std.	Stunde
Tab.	Tabelle
TD	Technische Dokumentation
TÜV	Technischer Überwachungs-Verein
US	United States
USA	United States of America
Vers.	Version
vgl.	vergleiche
wg.	wegen
WWS	Warenwirtschaftssystem
z. B.	zum Beispiel

Abbildungsverzeichnis

Abbildung: **Seite:**

1	Phasenorientierter Projektstrukturplan	10
2	Projektablaufplan (Balkendiagramm)	16
3	Balkendiagramm einer Projektphase mit zusätzlichen Meilensteinen	17
4	Netzplan mit kritischem Pfad	25
5	Meilensteintrenddiagramm	29

Tabellenverzeichnis

Tabelle: **Seite:**

1   Zentrale Aufgaben und Ressourcenbedarf   12
2   Personalplan   19
3   Kostenermittlung für ausgewählte Projektphase   22

Verzeichnis der EG-Richtlinien, Gesetze und Rechtsverordnungen

93/42/EWG (1993): Richtlinie 93/42/EWG des Rates vom 14. Juni 1993 über Medizinprodukte vom 12.07.1993 i. d. F. v. 05.09.2007. Amtsblatt 1993: L 169, S. 0001 - 0043

MPG (1994): Gesetz über Medizinprodukte (Medizinproduktegesetz – MPG) vom 02.08.1994 i. d. F. v. 24.07.2010. BGBl. 2002 I: 3146

1   Allgemeine Beschreibung und Klassifizierung des Projektes

1.1   Allgemeine Beschreibung

Covidien ist einer der weltweit führenden Medizinprodukte- und Arzneimittelhersteller mit einem jährlichen Umsatzvolumen von 10,7 Milliarden US-Dollar und 42.000 Mitarbeitern in über 60 Ländern. Die Produkte von Covidien werden in über 140 Ländern der Erde vertrieben (vgl. Covidien 2010: 2).

Neben zahlreichen anderen Produkten produziert und vertreibt Covidien auch EKG-Elektroden. Um alle Anforderungen und Kundenwünsche abzudecken, hat Covidien derzeit ca. 91 verschiedene Arten von EKG-Elektroden im Portfolio (vgl. Covidien 2006 und 2010a: 2 ff). Eines der zwei großen Produktionswerke für EKG-Elektroden befindet sich im deutschen Halberstadt, in der Nähe von Magdeburg. Dort werden ca. 40 verschiedene Arten von EKG-Elektroden gefertigt (vgl. Covidien 2010a: 2 ff).

Die nachfolgend beschriebene Situation und die in dieser Projektarbeit gemachten Angaben sind rein fiktiv und wurden lediglich für diese Arbeit konstruiert. Es handelt sich nicht um ein reales Projekt.

Einige größere Kunden haben an das lokale Marketing in Deutschland die Bitte herangetragen, eine EKG-Elektrode zu entwickeln, die speziell für Neonate (Neugeborene) mit fragiler (besonders leicht verletzlicher) oder überempfindlicher Haut geeignet ist. Covidien bietet derzeit bereits mehrere EKG-Elektroden an, die speziell für die Anwendung an Säuglingen entwickelt wurden. Jedoch soll in diesem Fall eine Produktvariante entwickelt werden, bei der die Klebeeigenschaft weiter verringert wird, um die Haut von Neonate mit besonders empfindlicher Haut, insbesondere beim Abziehen der Elektrode, möglichst wenig zu schädigen. Die Klebeeigenschaft darf jedoch auch nicht zu sehr verringert werden, da sich ansonsten die Elektrode teilweise oder ganz während der Messung ungewollt ablösen könnte, und somit keine Werte mehr an den EKG-Monitor weitergeleitet werden, was wiederum zu einer Störung in der lebenswichtigen Überwachung des Gesundheitszustandes der Neugeborenen führen würde.

Aufgrund der Größe von Neugeborenen bleibt auch kein allzu großer Spielraum für eine Größenvariation der Elektrode, weshalb sich eine Neuentwicklung hauptsächlich auf die Zusammensetzung des Klebstoffes und der Leiteigenschaften der Elektrode konzentrieren muss. Des Weiteren muss diese Elektrode bereits mit einem Kabel (Leiterader) versehen sein, um die Haut der Neonate nicht während des befestigen der Leiterader an die EKG-Elektrode zu schädigen. Dieses Kabel muss weiterhin über einen Anschlusskontakt verfügen, um die Elektroden an gängigen EKG-Geräten (vor allem den von Covidien) anschließen zu können.

Der Europäische Produktdirektor für diesen Bereich hat aufgrund weiterer Anfragen aus anderen Ländern bereits eine Marktbedarfsanalyse durchführen lassen, und daraufhin dieses Projekt mit den oben genannten Anforderungen genehmigt. Das Projekt endet mit der Freischaltung des Produktcodes im Warenwirtschaftssystem der Firma Covidien für den europäischen Markt.

Das Gesamtprojekt wird mit ca. 21,5 Monaten veranschlagt. Die genauen Projektkosten stehen noch nicht fest, bewegen sich jedoch aus Erfahrungswerten von früheren Projekten um die 280.000 €. Der Verkaufspreis wurde noch nicht festgelegt, soll sich jedoch im Bereich von 19 bis 25 € für eine Verkaufseinheit mit jew. 50 Elektroden bewegen.

1.2 Klassifizierung

Dieses Projekt lässt sich nach unterschiedlichen Kriterien klassifizieren, von denen unter anderem folgende berücksichtigt werden können:

- Das Projekt kann als **R&D bzw. F&E-Projekt** bezeichnet werden, da der Schwerpunkt der Tätigkeiten in der Abteilung für Research & Development (Forschung & Entwicklung) liegt. Selbstverständlich sind zusätzlich andere Abteilungen, wie z. B. Purchasing (Einkauf), Regulatory Affairs („regulierende Angelegenheiten") und Production (Produktion) beteiligt.

- Es handelt sich hierbei um einen **internen Auftraggeber**. Die Entwicklung des neuen Produktes wurde zwar durch verschiedene Kunden angeregt, die Entscheidung zu diesem Projekt wurde jedoch rein intern getroffen, da ein gutes Verkaufspotenzial erkannt wurde. Eine Beteiligung dieser Kunden am Projekt erfolgt nicht.

- Der **Projektaufwand ist mittelmäßig**, da bereits eine gewisse Erfahrung mit Neuentwicklungen besteht, jedoch ist dieses **von größerer Bedeutung**, da damit das Produktportfolio im Elektrodenbereich vervollständigt werden soll, was wichtig für einen der Marktführer in diesem Bereich ist.

2   Projektstrukturplan (PSP)

Es wurde ein phasenorientierter PSP gewählt:

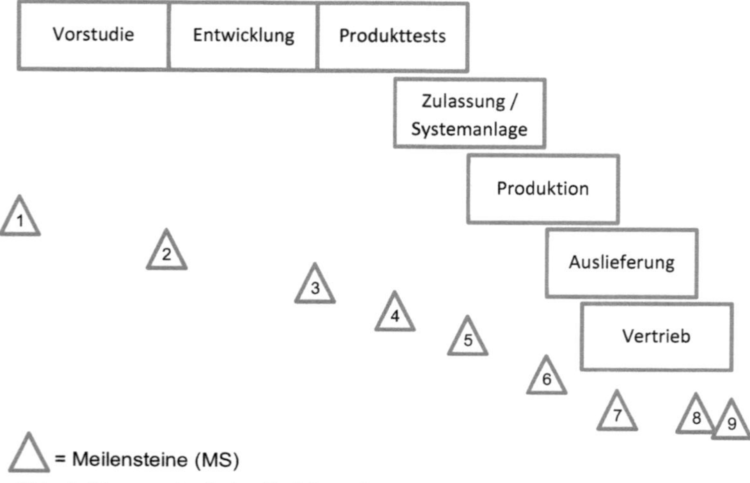

Abb. 1: Phasenorientierter Projektstrukturplan

Meilensteine:

MS 1:   Start des Projektes. Das Projekt wurde von der Konzernzentrale in den USA unter der Auflage genehmigt, dass monatlich ein Fortschrittsbericht abgegeben wird. Dadurch ist es jederzeit möglich das Projekt wieder abzubrechen falls z. B. die Kosten aus dem Rahmen laufen.

MS 2:   Es wurden genügend medizinische Daten gesammelt und genaue Anforderungen mit Fachärzten aus diesem Bereich eingeholt. Es ist nun eine ausreichende Datenbasis vorhanden, um mit der Entwicklung des Produktes beginnen zu können.

MS 3:   Eine erste Serie an Prototypen wurde gefertigt und eine vorläufige (technische) Produktspezifikation und eine Produktionskostenkalkulation erstellt.

MS 4:   Erste Testergebnisse aus den Produkttests sind verfügbar.

MS 5: Die Prototypen haben die diversen Tests bestanden. Eine abschließende (technische) Produktspezifikation wurde erstellt und freigegeben.

MS 6: Das Produkt wurde für den Europäischen Markt zugelassen, und die Konformitätserklärung ausgestellt. Konzernintern wurden die Forecasts der einzelnen Länder abgegeben und der Artikel im Warenwirtschaftssystem (WWS) angelegt. Die verschiedenen Abteilungen (Finance, Purchasing, Regulatory Affairs und Quality Assurance) haben entsprechende Daten (z. B. Mehrwertsteuersätze, Lagerdaten, Verwendbar-bis-Datum, etc.) angegeben und der Artikel wurde für die ersten Länder freigeschalten.

MS 7: Die Produktion der ersten Charge ist abgeschlossen.

MS 8: Die ersten Produkte wurden an die europäischen Distribution Center verschickt, als Lagerbestand eingebucht, und systemtechnisch verfügbar gemacht.

MS 9: Kunden wurden über das neue Produkt informiert, die ersten Bestellungen der Kunden sind bearbeitet und die Ware verschickt.

3   Beschreibung der zentralen Aufgaben und des Ressourcenbedarfs

Tab. 1: Zentrale Aufgaben und Ressourcenbedarf (Seite 1/3)

Phase	Vorstudie	Entwicklung
Zentrale Aufgaben	- Ermittlung der medizinisch/ technischen Rahmenbedingungen - Technische Machbarkeit prüfen - Grobe Schätzung der Projektkosten - Festlegung der max. zukünftigen Produktstückkosten - Benchmarking - Abgleich mit Zertifikatsumfang	- Entwicklung des Prototypen - Produktion einiger Muster zu Testzwecken - Entwurf der vorläufigen technischen Spezifikation - Vorläufige Kalkulation der Stückkosten
Experten	- R&D - Clinical Affairs - Marketing und Sales - Regulatory Affairs	- R&D - Production - Regulatory Affairs - Marketing und Sales - Controlling - Purchasing - Quality Assurance
Externe	- Fachärzte - Notified Body	- Rohstofflieferanten
Zeit	2 - 3 Monate	6 - 8 Monate
Anmerkungen	Die vorhandenen Zertifikate müssen diese Art von Medizinprodukt abdecken, ansonsten muss ein Zertifikat dafür beim zuständigen Notified Body beantragt werden, was jedoch den Zeitbedarf erhöhen würde.	

Tab. 1: Zentrale Aufgaben und Ressourcenbedarf (Seite 2/3)

Phase	Produkttests	Zulassung / Systemanlage
Zentrale Aufgaben	- Testen und verbessern der Prototypen inkl. Alterungstest und Biokompatibilitätstests - Anpassung der technischen Spezifikation	- Erstellung der technischen Dokumentation (Konformitätsbewertungsverfahren) - Artwork erstellen (Verpackungsbeschriftungen) - Produktregistrierung bei Behörden der einzelnen Länder - Ausstellung der Konformitätserklärung - Anlage der neuen Artikelnummer im WWS - Freischaltung des Produktes im WWS für die jew. Länder
Experten	- R&D - Clinical Affairs - Production - Quality Assurance	- R&D - Regulatory Affairs - Artwork Center - Purchasing - Clinical Affairs - Item Master
Externe	- Testlabors	- Behörden der Länder
Zeit	7 - 9 Monate	5 - 6 Monate
Anmerkungen	Die lange Testphase ergibt sich vorwiegend aufgrund von Alterungssimulation (vgl. Covidien 04.10: 6)	Diese und nachfolgende Phasen überlappen sich, da diese teilweise parallel ablaufen können. Die Zulassungsvoraussetzungen ergeben sich aus der Richtlinie 93/42/EWG für Medizinprodukte und den einzelnen Gesetzen der Länder (vgl. Bundesverband der Arzneimittel-Hersteller 2008: 1). Die Dauer ist vor allem auch abhängig von der Bearbeitungszeit bei nationalen Behörden.

Tab. 1: Zentrale Aufgaben und Ressourcenbedarf (Seite 3/3)

Phase	Produktion	Auslieferung	Vertrieb
Zentrale Aufgaben	- Produktion der neu entwickelten EKG-Elektroden	- Auslieferung der EKG-Elektroden - Lagerbestand einbuchen und somit systemtechnisch verfügbar machen	- Information der Kunden über das neue Produkt - Bestellannahme - Bearbeitung der Bestellung und Versand der Ware
Experten	- Production - R&D - Quality Assurance - Purchasing	- Logistics - Quality Assurance	- Marketing und Sales - Customer Service - Logistics
Externe	- Lieferanten	- Logistikunternehmen	- Logistikunternehmen
Zeit	2 Wochen	1 Woche	2 Monate
Anmerkungen			Zeitangabe bis zum Versand der ersten Produkte an Kunden.

4 Projektorganisationsform und Anforderungen an den Projektleiter[1]

4.1 Wahl einer geeigneten Projektorganisationsform

Aufgrund der bereits vorliegenden Erfahrung mit früheren Produktneuentwicklungen kommt eine reine Projektorganisation nicht in Frage. Eine reine Projektorganisation würde Ressourcen zu sehr binden, die jedoch an anderer Stelle ebenfalls benötigt werden.

Da sich die Projektorganisation in der Linie nur für kleinere Projekte eignet (vgl. Hechler, Zinkahn 2009: 23), es sich hierbei jedoch um ein Projekt mittlerer Größe handelt, scheidet diese Form ebenfalls aus. Da für dieses Projekt ein gewisser Grad an Weisungsbefugnis von Vorteil ist, eignet sich auch das Koordinationsmodell nicht (vgl. Hechler, Zinkahn 2009: 20). Stattdessen wird eine Matrix-Projektorganisation gewählt.

---

[1] Auch „die Projektleiterin". Nachfolgend wird der Einfachheit halber jedoch nur die männliche Form verwendet.

Dafür spricht, dass die Auslastung der Mitarbeiter dabei optimal genutzt werden kann, und der Projektleiter in einem vorher festzulegenden Grad an Weisungsrecht gegenüber den Mitarbeitern verfügt (vgl. Hechler, Zinkahn 2009: 22). Da dieses Projekt noch dazu aus Phasen besteht, die sich fachlich stark unterscheiden, werden zu unterschiedlichen Zeiten verschiedene interne Experten benötigt. Die Einbeziehung verschiedener Experten kann in der gewählten Organisationsform gut realisiert werden.

Obwohl die Matrix-Projektorganisation einen höheren Verwaltungsaufwand verursacht, überwiegen jedoch die zuvor genannten Vorteile. Es wird jedoch eine starke Matrix angestrebt, damit der Ressourcenbedarf leichter gedeckt werden kann, und somit größere Verzögerungen aufgrund von mangelnden Humanressourcen weitestgehend vermieden werden.

4.2 Erstellung des Anforderungsprofils für den Projektleiter

Nachfolgende Anforderungen werden an den Projektleiter gestellt:

- Erfahrene Führungskraft des Unternehmens idealerweise aus dem mittleren Management. (Dadurch wird sowohl eine zu enge als auch zu breite Sichtweise vermieden.)

- Der Projektleiter sollte sowohl technische Kenntnisse vorweisen können, als auch einen medizinischen Hintergrund besitzen.

- Ebenso sind Erfahrungen in der Leitung von Projekten sehr wichtig.

- Des Weiteren sollte diese Person noch folgende Eigenschaften mitbringen: Kostenbewusstsein, Teamfähigkeit, Zuverlässigkeit, Verhandlungssicherheit.

5 Erstellung eines Projektablaufplanes

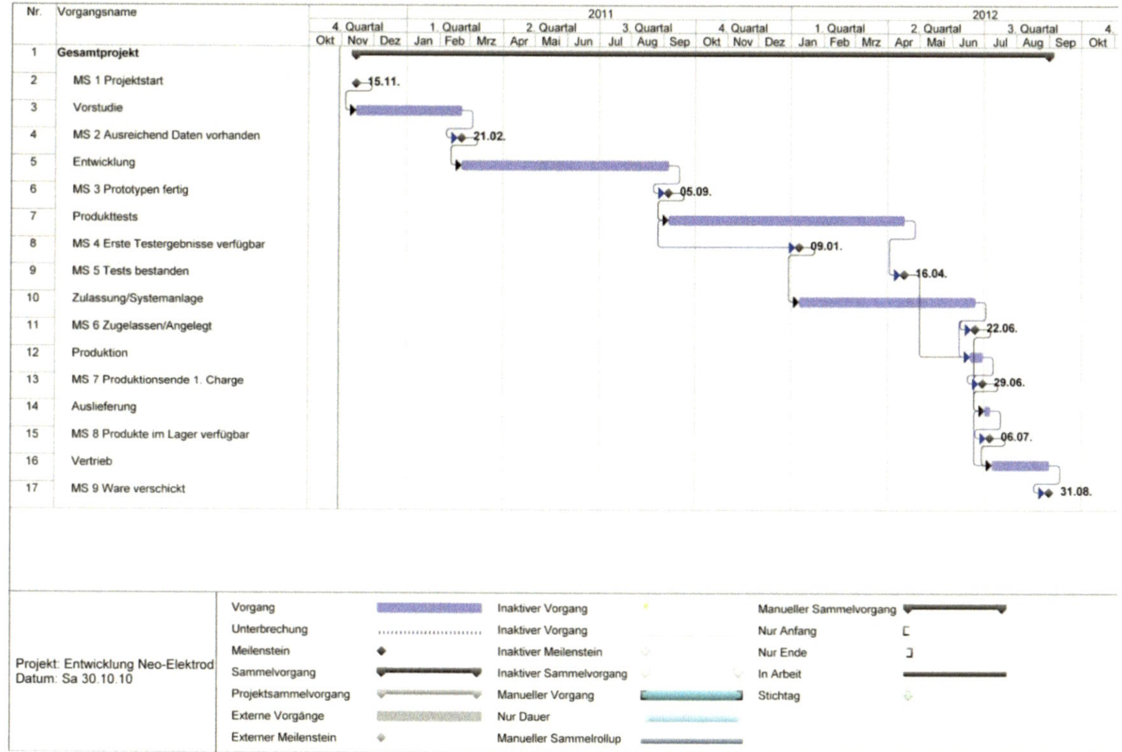

Abb. 2: Projektablaufplan (Balkendiagramm)

6 Vertiefung der Planung für eine Projektphase

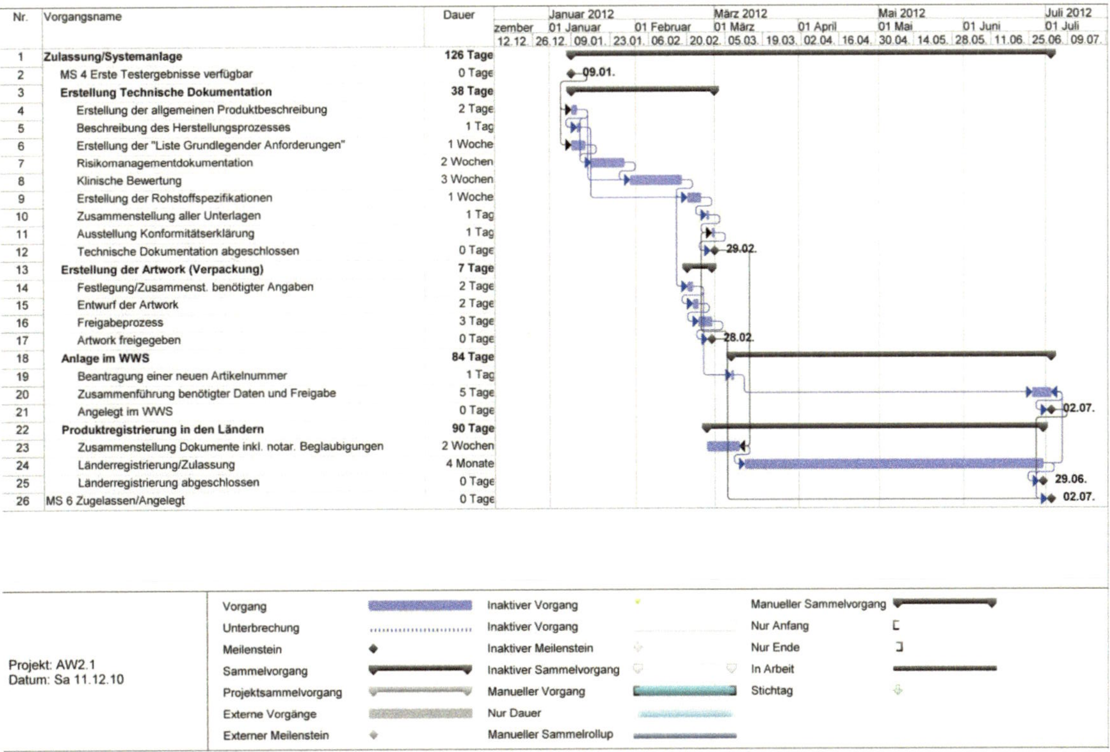

Nr.	Vorgangsname	Dauer
1	**Zulassung/Systemanlage**	**126 Tage**
2	MS 4 Erste Testergebnisse verfügbar	0 Tage
3	**Erstellung Technische Dokumentation**	**38 Tage**
4	Erstellung der allgemeinen Produktbeschreibung	2 Tage
5	Beschreibung des Herstellungsprozesses	1 Tag
6	Erstellung der "Liste Grundlegender Anforderungen"	1 Woche
7	Risikomanagementdokumentation	2 Wochen
8	Klinische Bewertung	3 Wochen
9	Erstellung der Rohstoffspezifikationen	1 Woche
10	Zusammenstellung aller Unterlagen	1 Tag
11	Ausstellung Konformitätserklärung	1 Tag
12	Technische Dokumentation abgeschlossen	0 Tage
13	**Erstellung der Artwork (Verpackung)**	**7 Tage**
14	Festlegung/Zusammenst. benötigter Angaben	2 Tage
15	Entwurf der Artwork	2 Tage
16	Freigabeprozess	3 Tage
17	Artwork freigegeben	0 Tage
18	**Anlage im WWS**	**84 Tage**
19	Beantragung einer neuen Artikelnummer	1 Tag
20	Zusammenführung benötigter Daten und Freigabe	5 Tage
21	Angelegt im WWS	0 Tage
22	**Produktregistrierung in den Ländern**	**90 Tage**
23	Zusammenstellung Dokumente inkl. notar. Beglaubigungen	2 Wochen
24	Länderregistrierung/Zulassung	4 Monate
25	Länderregistrierung abgeschlossen	0 Tage
26	MS 6 Zugelassen/Angelegt	0 Tage

Abb. 3: Balkendiagramm einer Projektphase mit zusätzlichen Meilensteinen

7 Projektteam und Personalplan

7.1 Zusammenstellung des Projektteams

Für die Projektphase der Zulassung und Systemanlage ist folgendes Team zusammenzustellen:

- **Projektleiter:** Er stellt das Team zusammen, trägt die Gesamtverantwortung und behält den Überblick über den Projektstand. Zusätzlich ist er aber auch Spezialist für die Entwicklung von Elektroden.

- **Regulatory Affairs Coordinator:** Er fungiert als Spezialist für Fragen zur Inverkehrbringung und der Erfüllung gesetzlicher und normativer Anforderungen. Außerdem kümmert er sich um die Erstellung der Technischen Dokumentation und später auch um die Ausstellung der Konformitätserklärung. Er gibt dem Team vor, welche Dokumente und Informationen zur Zulassung benötigt werden und erteilt die finale Freigabe für den Vertrieb der Produkte.

- **Clinical Affairs Manager:** Er bringt das medizinische Fachwissen mit ein, und unterstützt dabei mit seinem Fachwissen vor allem die Abteilung R&D (z. B. bei der Durchführung einiger Tests und dem Entwurf von Anwender- und Gebrauchsinformationen). Des Weiteren pflegt sie zusammen mit dem Marketing Manager Kontakte zu speziellen Fachärzten und Meinungsbildnern aus diesem Bereich.

- **Quality Assurance Specialist:** Er unterstützt das Team in Bezug auf die Qualität der zukünftigen Produkte und legt Prüfanweisungen fest. Außerdem erstellt sie zusammen mit R&D und dem Production Manager die notwendigen Arbeitsanweisungen.

- **Production Manager:** Er bringt sein Know-how in Bezug auf den Produktionsprozess mit ein und gibt vor was technisch machbar ist. Auch unterstützt er R&D bei der Umsetzung des entwickelten Produktes auf die Massenproduktion, und fertigt die verschiedenen Prüfmuster.

- **Marketing Manager:** Er versorgt das Team mit Informationen aus dem Markt, speziell mit den Kundenwünschen und -anforderungen, und pflegt in diesem Kontext auch Kontakte mit medizinischen Fachkräften und Meinungsbildnern. Außerdem gibt er den preislichen Rahmen vor, den die Kunden bereit sind zu zahlen. Weiterhin erstellt er den Forecast für geplante Vertriebsmengen des Produktes. Er selbst bezieht sein Wissen teilweise direkt von Kunden, aber auch durch den ständigen Kontakt mit dem Vertrieb (Sales).

7.2 Erarbeitung eines Personalplans

Tab. 2: Personalplan (Seite 1/3)

Zulassung/Systemanlage

Projektteam		Erstellung Technische Dokumentation (TD)								
		Allg. Produktbeschreibung		Beschreibung Herstellungsprozess		Liste Grundlegender Anforderungen		Risikomanagement-dokumentation		Klinische Bewertung
		%	Anmerkung	%	Anmerkung	%	Anmerkung	%	Anmerkung	%	Anmerkung
Projektleiter	PL	50%	Bringt Produktinformationen, Fachwissen, etc. mit ein	40%	Erarbeitet Herstellungsprozess mit PM	20%	Stellt Informationen zusammen, recherchiert in Normen	100%	Erstellt Risikoanalyse zusammen mit Team; ergreift ggf. Maßnahmen zur Risikominimierung	5%	Ist eingebunden, stellt Daten zur Verfügung und recherchiert
Regulatory Affairs Coordinator	RAC					80%	Erstellt die Liste Grundlegender Anforderungen nach Richtlinie 93/42/EWG, Anhang I	60%	Unterstützt	40%	Erstellt Bewertung mit CAM und externem Mediziner
Clinical Affairs Manager	CAM	100%	Erstellt genaue Produktbeschreibung als Basis für die TD und Gebrauchsanweisung					60%	Unterstützt	40%	Erstellt Bewertung mit RAC und externem Mediziner
Quality Assurance Specialist	QAS					10%	Unterstützt	60%	Unterstützt		
Production Manager	PM			100%	Erarbeitet Herstellungsprozess mit PL	10%	Unterstützt	60%	Unterstützt		
Marketing Manager	MM	50%	Unterstützt					60%	Unterstützt	5%	Unterstützt

%: Gibt die ca. Auslastung des Projektteilnehmers in diesem Vorgang ein.

Fortsetzung Tab. 2: Personalplan (Seite 2/3)

Zulassung/Systemanlage

| | Erstellung Technische Dokumentation (TD) | | | | | | Erstellung der Artwork (Verpackung) | | | | | |
| | Rohstoffspezifikationen | | Unterlagen zusammenstellen | | Konformitätserklärung | | Benötigte Angaben sammeln | | Entwurf | | Freigabe | |
	%	Anmerkung	%	Anmerkung	%	Anmerkung	%	Anmerkung	%	Anmerkung	%	Anmerkung
PL	60%	Erstellt Rohstoffspezifikation mit QAS	10%	Ist eingebunden und unterstützt			40%	Ist eingebunden und stellt Daten zur Verfügung	5%	Ist eingebunden	40%	Koordiniert Freigabeprozess, gibt ggf. Änderungswünsche an CAM, gibt frei
RAC			100%	Stellt alle benötigten Unterlagen zusammen und überprüft Vollständigkeit	25%	Erstellt und unterzeichnet Konformitätserklärung zur Freigabe für europäischen Markt	100%	Unterstützt			10%	Gibt Änderungswünsche an CAM, gibt frei
CAM							100%	Stellt benötigte medizinische- und Produktdaten zusammen	30%	Koordination der Entwurferstellung (Erstellung erfolgt im Artwork Center)	20%	Leitet Änderungswünsche an Artwork Center weiter und erteilt abschließende Freigabe
QAS	60%	Erstellt Rohstoffspezifikation mit PL									10%	Gibt Änderungswünsche an CAM, gibt frei
PM	20%	Unterstützt									10%	Gibt Änderungswünsche an CAM, gibt frei
MM							100%	Unterstützt			10%	Gibt Änderungswünsche an CAM, gibt frei

Fortsetzung Tab. 2: Personalplan (Seite 3/3)

Zulassung/Systemanlage

	Anlage im WWS				Registrierung in den Ländern			
	Artikelnummer beantragen		Datenzusammenstellung/ Freigabe		Zusammenstellung Dokumente		Länderregistrierung	
	%	Anmerkung	%	Anmerkung	%	Anmerkung	%	Anmerkung
PL	10%	Ist eingebunden und unterstützt	20%	Datenzusammenstellung und Freigabe (eigentliche Anlage erfolgt durch Item Master)	5%	Ist eingebunden und stellt Dokumente zur Verfügung	3%	Wird über Stand informiert
RAC			20%	Dateneingabe in das System und abschließende freigabe im System	15%	Koordiniert die Zusammenstellung	10%	Koordiniert Länderregistrierung und arbeitet eng mit Behörden und RA-Kollegen betroffener Länder zusammen
CAM			10%	Dateneingabe in das System und Freigabe im System	5%	Ist eingebunden und stellt Dokumente zur Verfügung		
QAS			10%	Dateneingabe in das System und Freigabe im System	5%	Ist eingebunden und stellt Dokumente zur Verfügung	3%	Unterstützt
PM								
MM	50%	Antrag für Artikelnummerbeantragung ausfüllen						

8   Kostenermittlung

Es fallen in der gewählten Projektphase „Zulassung/Systemanlage" vorwiegend Personalkosten, aber auch Kosten und Gebühren für die Registrierung bei den Behörden der einzelnen Länder und Kosten z. B. zur Ausstellung von beglaubigten Abschriften verschiedener Dokumente an. Alle angegebenen Stundensätze verstehen sich inklusive Gemeinkostenzuschläge. Die Phase ist vor allem auch wegen der Überlagerung mit der vorhergehenden und nachfolgenden Phase von Einzelarbeit und Arbeit in Untergruppen geprägt. Welche Dokumente für die Technische Dokumentation benötigt werden, ist vorwiegend in der Richtlinie 93/42/EWG über Medizinprodukte und dem Medizinproduktegesetz festgelegt (vgl. Böckmann, Frankenberger 2009: 351 ff.).

Tab. 3: Kostenermittlung für ausgewählte Projektphase (Seite 1/3)

		Allg. Produkt-beschreibung			Beschreibung Herstellungsprozess			Liste Grundlegender Anforderungen			Risikomanagement-dokumentation			Klinische Bewertung		
Arbeitsdauer in Tagen		**2 Tage**			**1 Tag**			**5 Tage**			**10 Tage**			**15 Tage**		
Projektteam	€/h	%	Std.	Kosten	%	Std.	Kosten	%	Std.	Kosten	%	Std.	Kosten	%	Std.	Kosten
Projektleiter	80 €/h	50%	8 h	640 €	40%	2,5 h	200 €	20%	8 h	640 €	100%	76 h	6.080 €	5%	6 h	480 €
Regulatory Affairs Coordinator	75 €/h	0%	0 h	0 €	0%	0 h	0 €	80%	30 h	2.250 €	60%	45 h	3.375 €	40%	45 h	3.375 €
Clinical Affairs Manager	85 €/h	100%	16 h	1.360 €	0%	0 h	0 €	0%	0 h	0 €	60%	45 h	3.825 €	40%	45 h	3.825 €
Quality Assurance Specialist	55 €/h	0%	0 h	0 €	0%	0 h	0 €	10%	4 h	220 €	60%	45 h	2.475 €	0%	0 h	0 €
Production Manager	70 €/h	0%	0 h	0 €	100%	8 h	560 €	10%	4 h	280 €	60%	45 h	3.150 €	0%	0 h	0 €
Marketing Manager	75 €/h	50%	8 h	600 €	0%	0 h	0 €	0%	0 h	0 €	60%	45 h	3.375 €	5%	6 h	450 €
Team Stunden/Kosten			**32 h**	**2.600 €**		**11 h**	**760 €**		**46 h**	**3.390 €**		**301 h**	**22.280 €**		**102 h**	**8.130 €**
Fachleute (Unternehmen)																
Vice President R&D	145 €/h	5%	1 h	145 €	0%	0 h	0 €	0%	0 h	0 €	0%	0 h	0 €	0%	0 h	0 €
Europ. Produkt Direktor	85 €/h	20%	4 h	340 €	0%	0 h	0 €	0%	0 h	0 €	0%	0 h	0 €	0%	0 h	0 €
Purchasing Manager	60 €/h	0%	0 h	0 €	4%	1 h	60 €	0%	0 h	0 €	0%	0 h	0 €	0%	0 h	0 €
Item Master	40 €/h	0%	0 h	0 €	0%	0 h	0 €	0%	0 h	0 €	0%	0 h	0 €	0%	0 h	0 €
Artwork Center	35 €/h	0%	0 h	0 €	0%	0 h	0 €	0%	0 h	0 €	0%	0 h	0 €	0%	0 h	0 €
Teamassistentin R&D	30 €/h	5%	1 h	30 €	0%	0 h	0 €	0%	0 h	0 €	0%	0 h	0 €	5%	6 h	180 €
Regulatory Affairs Specialist 1	35 €/h	0%	0 h	0 €	0%	0 h	0 €	10%	4 h	140 €	0%	0 h	0 €	0%	0 h	0 €
Regulatory Affairs Specialist 2	45 €/h	0%	0 h	0 €	0%	0 h	0 €	0%	0 h	0 €	0%	0 h	0 €	0%	0 h	0 €
Regulatory Affairs Specialist 3	40 €/h	0%	0 h	0 €	0%	0 h	0 €	0%	0 h	0 €	0%	0 h	0 €	0%	0 h	0 €
Mediziner (extern)	130 €/h	0%	0 h	0 €	0%	0 h	0 €	0%	0 h	0 €	0%	0 h	0 €	40%	45 h	5.850 €
Kosten Länderregistrierung (pauschal)				0 €			0 €			0 €			0 €			0 €
Kosten außerhalb des Teams			**6 h**	**515 €**		**1 h**	**60 €**		**4 h**	**140 €**		**0 h**	**0 €**		**51 h**	**6.030 €**
Kosten pro Vorgang				**3.115 €**			**820 €**			**3.530 €**			**22.280 €**			**14.160 €**
Gesamtkosten der Phase: 75.615 €																
Anmerkungen zum Vorgang		Die Entwicklung der allgemeinen Produkt-beschreibung ist elementar, da viele nachfolgende Punkte darauf aufbauen und hierdurch auch ein Rahmen vorgegeben wird.			Dieser Punkt dient vor-allem auch der Re-flexion, um ggf. Fehler und kritische Punkte zu erkennen, und den Pro-zess zu verbessern. Er ist aber auch Pflicht-bestandteil einer Tech-nischen Dokumentation.			Für Medizinprodukte muss die Einhaltung der "Grundlegenden Anforderungen" (s. Richtlinie 93/42/EWG Anhang I) dokumen-tiert werden. Dies fällt in den Bereich von Regulatory Affairs.			Dieses Dokument wird vorwiegend im Team er-stellt, um verschieden-ste Erfahrungen und "Blickwinkel" mit einzu-bringen.			Regulatory- und Clinical Affairs setzen die Rah-menbedingungen. Bei der eigentlichen Bewer-tung soll auf einen exter-nen Fachmann zurück-gegriffen werden.		

Fortsetzung Tab. 3: Kostenermittlung für ausgewählte Projektphase (Seite 2/3)

Arbeitsdauer in Tagen	Rohstoffspezifi-kationen			Unterlagen zusammenstellen			Konformitäts-erklärung			Benötigte Artwork-angaben sammeln			Artwork Entwurf		
Projektteam	**5 Tage**			**1 Tag**			**1 Tag**			**2 Tage**			**2 Tage**		
	%	**Std.**	**Kosten**	**%**	**Std**	**Kosten**	**%**	**Std**	**Kosten**	**%**	**Std.**	**Kosten**	**%**	**Std.**	**Kosten**
Projektleiter	60%	23 h	1.840 €	10%	1 h	80 €	0%	0 h	0 €	40%	6 h	480 €	5%	1 h	80 €
Regulatory Affairs Coordinator	0%	0 h	0 €	100%	8 h	600 €	25%	2 h	150 €	100%	14 h	1.050 €	0%	0 h	0 €
Clinical Affairs Manager	0%	0 h	0 €	0%	0 h	0 €	0%	0 h	0 €	100%	14 h	1.190 €	30%	5 h	425 €
Quality Assurance Specialist	60%	23 h	1.265 €	0%	0 h	0 €	0%	0 h	0 €	0%	0 h	0 €	0%	0 h	0 €
Production Manager	20%	8 h	560 €	0%	0 h	0 €	0%	0 h	0 €	0%	0 h	0 €	0%	0 h	0 €
Marketing Manager	0%	0 h	0 €	0%	0 h	0 €	0%	0 h	0 €	100%	14 h	1.050 €	0%	0 h	0 €
Team Stunden/Kosten		**54 h**	**3.665 €**		**9 h**	**680 €**		**2 h**	**150 €**		**48 h**	**3.770 €**		**6 h**	**505 €**
Fachleute (Unternehmen)															
Vice President R&D	0%	0 h	0 €	0%	0 h	0 €	10%	1 h	145 €	0%	0 h	0 €	0%	0 h	0 €
Europ. Produkt Direktor	0%	0 h	0 €	0%	0 h	0 €	10%	1 h	85 €	0%	0 h	0 €	0%	0 h	0 €
Purchasing Manager	0%	0 h	0 €	0%	0 h	0 €	0%	0 h	0 €	0%	0 h	0 €	0%	0 h	0 €
Item Master	0%	0 h	0 €	0%	0 h	0 €	0%	0 h	0 €	0%	0 h	0 €	0%	0 h	0 €
Artwork Center	0%	0 h	0 €	0%	0 h	0 €	0%	0 h	0 €	0%	0 h	0 €	100%	16 h	560 €
Teamassistentin R&D	70%	27 h	810 €	25%	2 h	60 €	0%	0 h	0 €	0%	0 h	0 €	0%	0 h	0 €
Regulatory Affairs Specialist 1	0%	0 h	0 €	0%	0 h	0 €	10%	1 h	35 €	0%	0 h	0 €	0%	0 h	0 €
Regulatory Affairs Specialist 2	0%	0 h	0 €	0%	0 h	0 €	10%	1 h	45 €	0%	0 h	0 €	0%	0 h	0 €
Regulatory Affairs Specialist 3	0%	0 h	0 €	0%	0 h	0 €	10%	1 h	40 €	0%	0 h	0 €	0%	0 h	0 €
Mediziner (extern)	0%	0 h	0 €	0%	0 h	0 €	0%	0 h	0 €	0%	0 h	0 €	0%	0 h	0 €
Kosten Länderregistrierung (pauschal)			0 €			0 €			0 €			0 €			0 €
Kosten außerhalb des Teams		**27 h**	**810 €**		**2 h**	**60 €**		**5 h**	**350 €**		**0 h**	**0 €**		**16 h**	**560 €**
Kosten pro Vorgang			**4.475 €**			**740 €**			**500 €**			**3.770 €**			**1.065 €**
Gesamtkosten der Phase: 75.615 €															
Anmerkungen zum Vorgang	Erstellung der Spezifikationen als Vorgabe für die Lieferanten.			Unterlagen werden zusammengefasst, auf Vollständigkeit überprüft und ein Inhaltsverzeichnis erstellt.			Wichtiger Schritt zur rechtlichen Freigabe des Produktes für den europäischen Markt.			Als Basis dienen vorhandene Artworks die entsprechend auf die spezifische Zweckbestimmung des Produktes angepasst werden müssen, und vorallem die Risikomanagementdokumentation.			Die Erstellung erfolgt außerhalb des Teams in einer eigens dafür zuständigen Abteilung, dem "Artwork Center".		

Fortsetzung Tab. 3: Kostenermittlung für ausgewählte Projektphase (Seite 3/3)

	Artwork Freigabe			Neue Artikelnummer beantragen			Datenzusammen-stellung/Freigabe			Dokumente für Registrierung			Länderregistrierung		
Arbeitsdauer in Tagen	3 Tage			1 Tag			5 Tage			10 Tage			84 Tage		
Projektteam	%	Std.	Kosten	%	Std	Kosten	%	Std.	Kosten	%	Std.	Kosten	%	Std.	Kosten
Projektleiter	40%	9 h	720 €	10%	1 h	80 €	20%	8 h	640 €	5%	4 h	320 €	3%	19 h	1.520 €
Regulatory Affairs Coordinator	10%	2 h	150 €	0%	0 h	0 €	20%	8 h	600 €	15%	11 h	825 €	10%	64 h	4.800 €
Clinical Affairs Manager	20%	4 h	340 €	0%	0 h	0 €	10%	4 h	340 €	5%	4 h	340 €	0%	0 h	0 €
Quality Assurance Specialist	10%	2 h	110 €	0%	0 h	0 €	10%	4 h	220 €	5%	4 h	220 €	3%	19 h	1.045 €
Production Manager	10%	2 h	140 €	0%	0 h	0 €	0%	0 h	0 €	0%	0 h	0 €	0%	0 h	0 €
Marketing Manager	10%	2 h	150 €	50%	4 h	300 €	0%	0 h	0 €	0%	0 h	0 €	0%	0 h	0 €
Team Stunden/Kosten		21 h	1.610 €		5 h	380 €		24 h	1.800 €		23 h	1.705 €		102 h	7.365 €
Fachleute (Unternehmen)															
Vice President R&D	0%	0 h	0 €	0%	0 h	0 €	3%	1 h	145 €	0%	0 h	0 €	1%	6 h	870 €
Europ. Produkt Direktor	5%	1 h	85 €	0%	0 h	0 €	3%	1 h	85 €	0%	0 h	0 €	1%	6 h	510 €
Purchasing Manager	0%	0 h	0 €	0%	0 h	0 €	0%	0 h	0 €	0%	0 h	0 €	0%	0 h	0 €
Item Master	0%	0 h	0 €	25%	2 h	80 €	3%	1 h	40 €	0%	0 h	0 €	0%	0 h	0 €
Artwork Center	15%	3 h	105 €	0%	0 h	0 €	0%	0 h	0 €	0%	0 h	0 €	0%	0 h	0 €
Teamassistentin R&D	0%	0 h	0 €	0%	0 h	0 €	0%	0 h	0 €	20%	15 h	450 €	3%	19 h	570 €
Regulatory Affairs Specialist 1	0%	0 h	0 €	0%	0 h	0 €	3%	1 h	35 €	0%	0 h	0 €	2%	13 h	455 €
Regulatory Affairs Specialist 2	0%	0 h	0 €	0%	0 h	0 €	3%	1 h	45 €	0%	0 h	0 €	3%	19 h	855 €
Regulatory Affairs Specialist 3	0%	0 h	0 €	0%	0 h	0 €	3%	1 h	40 €	0%	0 h	0 €	3%	19 h	760 €
Mediziner (extern)	0%	0 h	0 €	0%	0 h	0 €	0%	0 h	0 €	0%	0 h	0 €	0%	0 h	0 €
Kosten Länderregistrierung (pauschal)			0 €			0 €			0 €			370 €			2.800 €
Kosten außerhalb des Teams		4 h	190 €		2 h	80 €		6 h	390 €		15 h	820 €		82 h	6.820 €
Kosten pro Vorgang			1.800 €			460 €			2.190 €			2.525 €			14.185 €
Gesamtkosten der Phase: 75.615 €															
Anmerkungen zum Vorgang	Der Freigabeprozess führt oft noch zu Änderungen, die im Team besprochen, und durch das Artwork Center umgesetzt werden. Abschließend erfolgt die Freigabe durch die einzelnen Teammitglieder.			Es handelt sich hier um einen formalen Prozess. Marketing füllt das entsprechende Formular aus, welches dann von "Item Master" weiter bearbeitet wird.			Dies erfolgt über ein Intranetsystem. Dabei tragen die genannten Personen bestimmte Daten aus ihrem Fachbereich ein, und geben anschließend den Artikel frei.			Die Organisation benötigter Dokumente (z. B. beglaubigte Zertifikatsabschriften, Übersetzungen, etc.) ist Vorarbeit für die eigentliche Produktregistrierung in den Ländern.			Dieser Vorgang erfolgt dezentral und wird durch Teammitglieder (vor allem durch Regulatory Affairs, als Verwalter der Technischen Dokumentation) unterstützt.		

9 Ereignisorientierter Netzplan mit kritischem Pfad

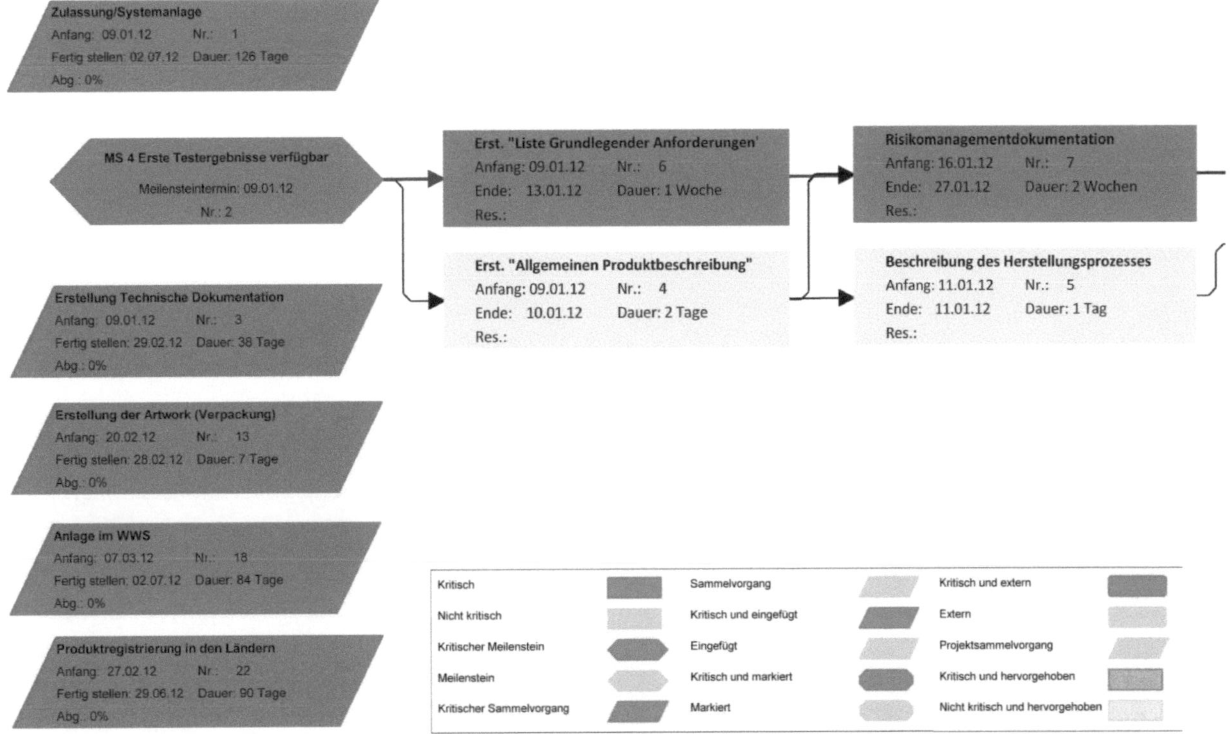

Abb. 4: Netzplan mit kritischem Pfad (Seite 1/4)

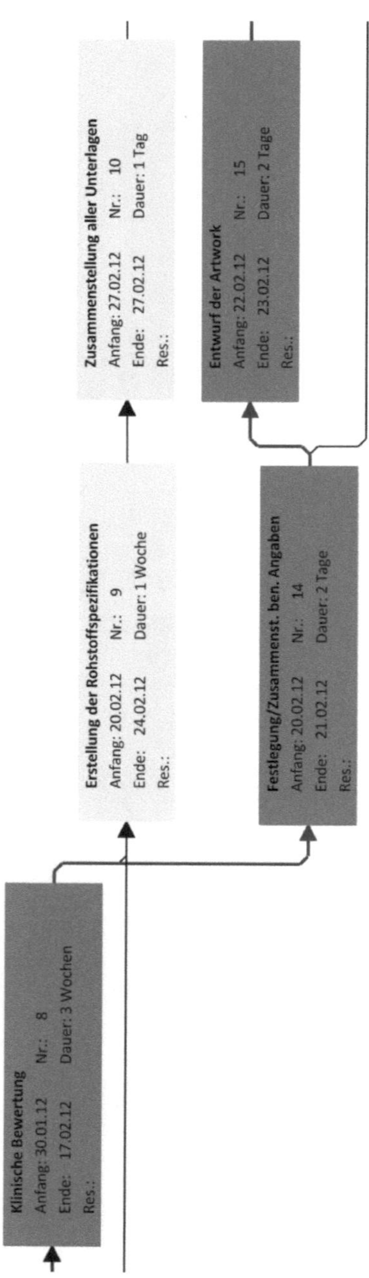

Fortsetzung der Abb. 4: Netzplan mit kritischem Pfad (Seite 2/4)

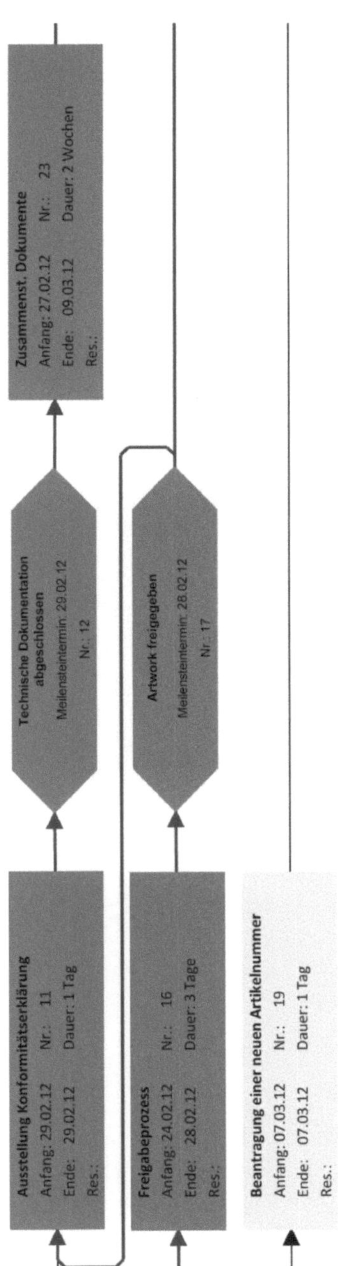

Fortsetzung der Abb. 4: Netzplan mit kritischem Pfad (Seite 3/4)

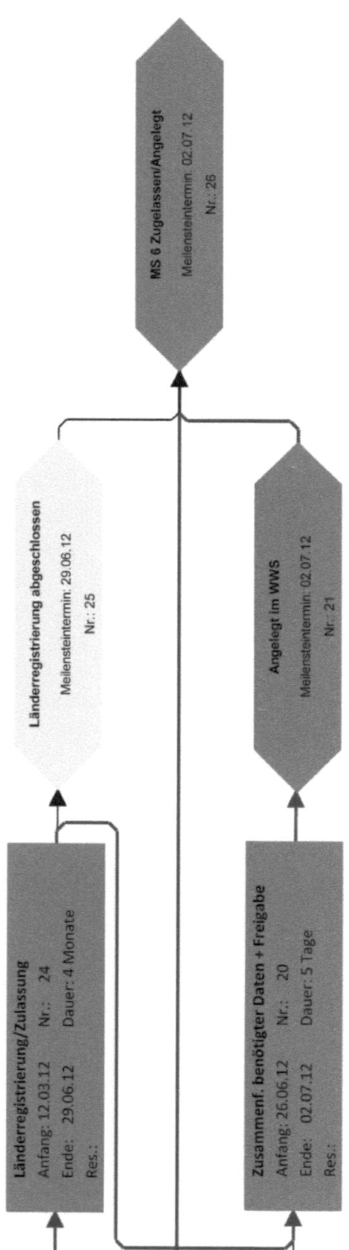

Fortsetzung der Abb. 4: Netzplan mit kritischem Pfad (Seite 4/4)

10   Meilensteintrenddiagramm der wichtigsten Meilensteine

Für das Meilensteintrenddiagramm wird ein fiktiver Berichtszeitpunkt am 15.10.2011 angenommen.

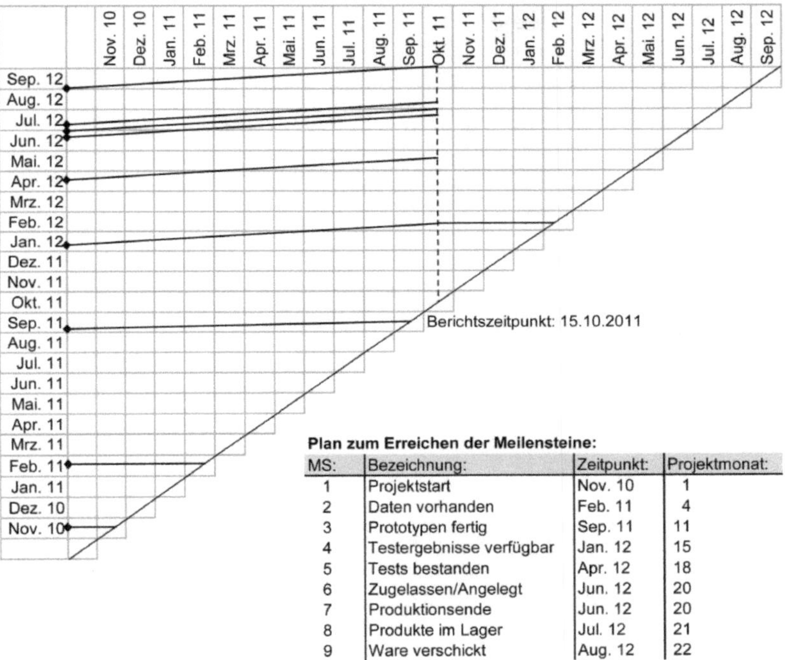

MS:	Bezeichnung:	Zeitpunkt:	Projektmonat:
1	Projektstart	Nov. 10	1
2	Daten vorhanden	Feb. 11	4
3	Prototypen fertig	Sep. 11	11
4	Testergebnisse verfügbar	Jan. 12	15
5	Tests bestanden	Apr. 12	18
6	Zugelassen/Angelegt	Jun. 12	20
7	Produktionsende	Jun. 12	20
8	Produkte im Lager	Jul. 12	21
9	Ware verschickt	Aug. 12	22

Abb. 5: Meilensteintrenddiagramm

11   Maßnahmen bei einer Verzögerung

Es ist bereits eine kleine Verzögerung von ca. 10 Tagen bei der Prototypenfertigung gekommen, da ein benötigter Rohstoff nicht fristgerecht geliefert wurde. Zusätzlich kam es zu einer Verzögerung von 3 Wochen (15 Tage) bis die Testergebnisse aus den Produkttests zur Verfügung standen. Grund dafür war eine längere Krankheit des Projektleiters. Es sieht somit aktuell danach aus, als würde das Projekt dadurch etwas mehr als einen Monat später als geplant abgeschlossen werden können. In einer Teambesprechung wurde die Verzögerung daher besprochen. Der Marketing Manager schätzte die durch die Verzögerung bedingten Umsatzeinbußen auf ca. 2.500 €. Zusätzlich würde sie sich eine Verzögerung negativ auf den Wettbewerbsvorsprung auswirken. Es muss auf jeden Fall versucht werden, die nachfolgenden Projektphasen zeitlich zu straffen, um das ur-sprünglich angesetzte Enddatum ungefähr einhalten zu können.

Das Projektteam einigte sich daher auf folgende Maßnahmen, um nachfolgende Projektphasen zügiger zu beenden:

1. Die Produktionsphase war mit zwei Wochen angesetzt. Diese Phase be-inhaltete einen Puffer von vier Tagen, der nun aufgelöst wird. Des Weite-ren werde die Produktion eine zusätzliche Schicht fahren, und zusätzlich einen Leiharbeitnehmer für eine Woche einstellen. Dies bringt einen zu-sätzlichen Zeitgewinn von drei Tagen. Die Zeitersparnis beläuft sich durch diese Maßnahme somit auf sieben Tage.

2. Es besteht darüber hinaus nur die Möglichkeit die Projektphase „Zulas-sung/Systemanlage" zu straffen. Hierbei einigte man sich darauf, dass die Erstellung der Rohstoffspezifikationen parallel zur Erstellung der klini-schen Bewertung laufen soll, anstatt wie bisher geplant dies nacheinan-der durchzuführen. Evtl. dadurch entstehende Überstunden wg. teilweiser Mehrbelastung einzelner Mitarbeiter, werden in Kauf genommen. Die Zei-tersparnis beträgt jedoch fünf Tage.

3. Eine weitere Zeitersparnis wird sich durch die rechtzeitige Information der weiteren Regulatory Affairs Kollegen in der Länderregistrierung/Zulassung derselben Projektphase versprochen. Eine Liste der benötigten Dokumen-te muss rechtzeitig bei den Kollegen erfragt und zusammengestellt wer-den. Des Weiteren müssen die Regulatory Affairs Kollegen dazu angehal-ten werden, die Registrierung/Zulassung umgehend zu beantragen. Ins-gesamt verspricht sich das Projektteam dadurch eine Zeitersparnis von 15 Tagen.

Der Verzug um 25 Tage wird durch oben genannte Maßnahmen wieder aufge-holt. Die Maßnahmen müssen jedoch konsequent umgesetzt, und die betroffen Kollegen umgehend informiert werden. Des Weiteren muss die Umsetzung natür-lich ständig überwacht werden, und ggf. noch einmal auf die Umsetzung hinge-wiesen werden. Der Europäische Produktdirektor ist ebenfalls über die Situation und die Maßnahmen in Kenntnis zu setzen.

Literaturverzeichnis

Böckmann R.-D.; Frankenberger H. (2009): MPG & Co. – Eine Vorschriften-sammlung zum Medizinprodukterecht mit Fachwörterbuch. 5. Aktual. Aufl., Köln: TÜV-Media

Bundesverband der Arzneimittel-Hersteller et al. (Hrsg.) (2008): Die Bedeutung der CE-Kennzeichnung auf Medizinprodukten – Wichtige Informationen für Händler und Einkäufer, Betreiber und Anwender, Patienten. Stand: 03/2008.

Covidien (2010): Covidien – 2009 Annual Report. Online im Internet: „URL: http://phx.corporate-ir.net/External.File?item=UGFyZW50SUQ9MzY1NzExfEN oaWxkSUQ9MzYwNDA5fFR5cGU9MQ==&t=1 [Stand: 10.11.2010]"

Covidien (2010a): EG-Konformitätserklärung zur CE-Kennzeichnung gemäß Richtlinie 93/42/EWG. Vers. 19; Stand: 28.07.2010

Covidien (2006): DECLARATION OF CONFORMITY – Technical File: TF-100 – Medical ECG Electrodes. Rev. 4; Stand: 25.04.2006

Covidien (04.10): Corporate Policy GS10000148: Storage Stability Qualification; Rev. 7.

Hechler S.; Zinkahn B. (2009): Projektmanagement. Studienbrief 1: Grundlagen des Projektmanagements. Studienbrief der Hamburger Fern-Hochschule.